Sitzungsberichte
der Akademie der Wissenschaften
der DDR
Mathematik - Naturwissenschaften - Technik

14 N

1985

Ulrich Wobus

Springende DNA-Elemente in Eukaryoten

AKADEMIE-VERLAG · BERLIN

Sitzungsberichte
der Akademie der Wissenschaften
der DDR
Mathematik – Naturwissenschaften – Technik

Jahrgang 1985 · Nr. 14/N

Ulrich Wobus

Springende DNA-Elemente in Eukaryoten

AKADEMIE-VERLAG · BERLIN
1986

Vortrag von Dr. sc. nat. Ulrich Wobus, Zentralinstitut für Genetik und Kulturpflanzenforschung der Akademie der Wissenschaften der DDR, gehalten am 21. März 1985 vor der Klasse Biowissenschaften

Herausgegeben im Auftrage
des Präsidenten der Akademie
der Wissenschaften der DDR
von Vizepräsident Prof. Dr. Heinz Stiller

ISBN 3-05-500 007-2
ISSN 0138-3965
Erschienen im Akademie-Verlag, DDR-1086 Berlin, Leipziger Str. 3-4

Lizenznummer: 202 · 100/62/85
Printed in the German Democratic Republic
Gesamtherstellung: VEB Druckhaus Köthen
LSV 1315
Bestellnummer: 763 594 3 (2010/85/14/N)
00300

Es ist ein bekanntes Phänomen der Wissenschaftsgeschichte, daß ihrer Zeit vorauseilende Experimente oder Hypothesen keine Beachtung finden bzw. keine Wirkung ausüben, da sie sich in das existierende Ideengebäude nicht einordnen lassen (vgl. Stent 1972). Als die Mais-Genetikerin Barbara McClintock in den vierziger und fünfziger Jahren in sauberen genetischen Experimenten zeigte, daß bestimmte genetische Determinanten im Genom (‚control elements') ihre Position verändern und dadurch Differenzierungsprozesse beeinflussen (vgl. McClintock 1978, 1984), konnte das nur auf Unverständnis stoßen. Selbst O. T. Averys eleganter Beweis aus dem Jahre 1944, daß DNA und nicht Protein die Erbinformation trägt, war ja zunächst ohne nennenswerte wissenschaftliche Folgen geblieben. Diese traten bekanntlich erst nach der Veröffentlichung des Doppelhelix-Modells durch Watson und Crick ein. Dieses Modell gab auch eine molekulare Erklärung der großen Stabilität des genetischen Materials, die aufgrund der Erfahrungen und vieler genetischer Experimente gefordert worden war. Demzufolge war die Vorstellung eines statischen Genoms unvermeidbar, in dem die Gene in nahezu unveränderbarer Reihenfolge wie Perlen auf einer Schnur sitzen. Zwar kannte man aus der Cytogenetik Genomumbauten und natürlich Mutationen (wobei auf DNA-Ebene nahezu ausschließlich an Punktmutationen gedacht wurde) – Platz für die Vorstellung von springenden DNA-Sequenzen, denn nur um solche konnte es sich bei McClintocks Kontrollelementen nach den neuen Erkenntnissen handeln, blieb aber nicht. Auch von Melvin Green in den frühen sechziger Jahren an *Drosophila* erbrachte Befunde, die am ehesten durch die Existenz springender DNA-Segmente erklärbar waren (vgl. Green 1977), änderten wenig an dieser Tatsache. Ohnehin hatte sich die schnell aufstrebende Molekulargenetik aus gutem Grund zunächst einmal genetisch einfacheren Objekten zugewandt, nämlich dem Bakterium *Escherichia coli* und seinen Phagen. Von dort kamen dann auch, allerdings erst Ende der sechziger Jahre, Befunde, die dazu zwangen, Positionsveränderungen von DNA-Segmenten als gegeben zu akzeptieren. Es war klar geworden, daß bestimmte Mutationen in *E. coli* durch die Insertion größerer DNA-Segmente verursacht werden. Das bereits gut entwickelte Methodenspektrum der Molekularbiologie erlaubte auch bald den physikalischen Nachweis und die Strukturaufklärung dieser DNA-Elemente, die als Insertionssequenzen oder IS-Elemente bezeichnet wurden (vgl. Kleckner 1981).

IS-Elemente besitzen mehrere wichtige Charakteristika:

- sie codieren ein eigenes, die Transposition ermöglichendes Enzym, die Transposase (Abb. 1);
- sie besitzen an den Enden ‚inverted repeats' (Abb. 1) [‚inverted repeats' sind Paare (weitgehend) identischer Sequenzen unterschiedlichster Länge, von denen eine Kopie in beliebiger Entfernung von der anderen in gegenläufiger Orientierung auf dem komplementären DNA-Strang liegt];

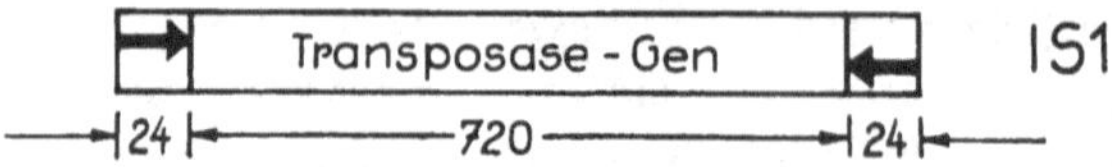

Abb. 1 Schematische Struktur der bakteriellen Insertionssequenz IS1.
Die Zahlen geben die Länge der entsprechenden DNA-Segmente in Basenpaaren an, die Pfeile symbolisieren die begrenzenden, invertiert-repetitiven Sequenzen (nach Watson et al. 1983, verändert)

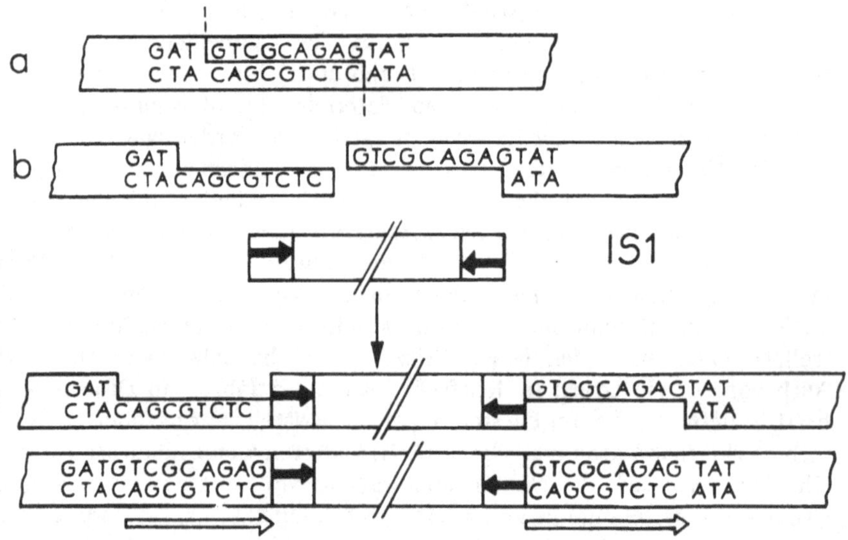

Abb. 2 Schema der Insertion von IS1.
Zunächst wird enzymatisch die Target-DNA versetzt geschnitten (a, b), die Insertionssequenz eingefügt (c) und die verbleibenden DNA-Einzelstrangbereiche durch eine Reparaturpolymerase aufgefüllt (d). Das führt zur Duplikation der Targetsequenz, deren beide Kopien das transponible Element als direkt-repetitive Sequenzen (offene Pfeile) flankieren (nach Watson et al. 1983, ergänzt)

– zwei benachbarte IS-Elemente können als Einheit wirken und die zwischen ihnen liegenden DNA-Bereiche mit transponieren. Man spricht dann von einem Transposon im engeren Sinne (Abb. 3);
– ihre Integration führt zur Duplikation einer kurzen Oligonukleotidsequenz der Wirts-DNA am Einbauort (Abb. 2).

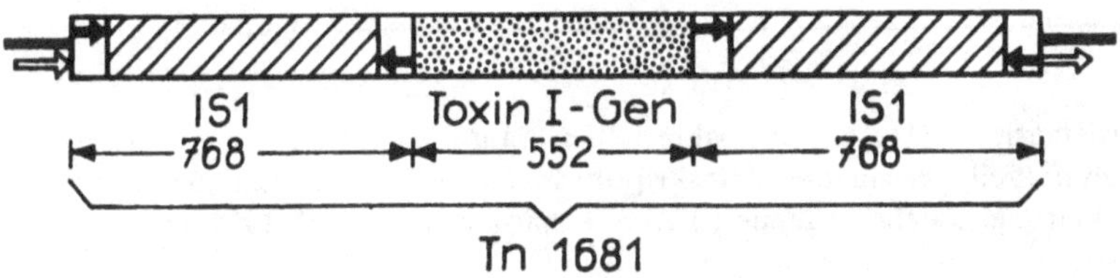

Abb. 3 Schematische Struktur des bakteriellen Transposons Tn1681, bestehend aus dem Gen für das hitzestabile Toxin I von *Escherichia coli* und zwei flankierenden IS1-Elementen.
Die Zahlen geben die Länge der entsprechenden DNA-Segmente in Basenpaaren an, gefüllte Pfeile symbolisieren ‚inverted repeats', offene Pfeile die durch Duplikation der Targetsequenz entstandenen ‚direct repeats' (nach Watson et al. 1983, ergänzt)

Allerdings stellen IS-Elemente und von ihnen gebildete komplexe Transposons nur eine Klasse bakterieller transponibler Elemente[1] dar. Eine zweite wichtige Klasse wird nach einem typischen Vertreter, dem Transposon Tn3, als Tn3-Klasse bezeichnet (vgl. Kleckner 1981). Die Tn3-Elemente besitzen an den Enden keine IS-Elemente, sondern nur kurze invertierte ‚repeats', dazu ein Transposase-Gen, ein Repressor-Gen zur Regulation der eigenen Transposase-Funktion sowie weitere oft für Antibiotika-Resistenzen codierende Gene. Als Beispiel sei das die Ampicillin-Resistenz bewirkende β-Lactamase-Gen von Tn3 genannt (Abb. 4). Solche Transposons haben sich bekanntermaßen in den letzten Jahrzehnten mit dem ständig zunehmenden Einsatz von Antibiotika stark verbreitet und verursachen erhebliche Probleme im Gesundheits- und Veterinärwesen (vgl. z. B. Levy et al. 1981, Schmitt 1982). Die erfolgreiche Isolation bakterieller Transposons initiierte sofort Versuche, auch die bei Mais und *Drosophila* rein genetisch analysierten Transpositionsvorgänge auf DNA-Ebene zu charakterisieren, zumal durch DNA-Klonierung und verwandte Methoden die technischen Voraus-

[1] 1979 unterbreitete eine internationale Expertenkommission (Campbell et al. 1979) einen umfangreichen Nomenklaturvorschlag und definierte als *transponible Elemente* (‚transposible elements') alle DNA-Sequenzen, die wiederholt an wenigen oder vielen Stellen in ein Genom integrieren können. Bewußt eingeschlossen in diese Definition wurden auch Bacteriophagen, wie die Phagen Mu und Lambda, deren DNA in bestimmten Phasen der Entwicklung in die Wirts-DNA integrieren und diese auch wieder verlassen kann.

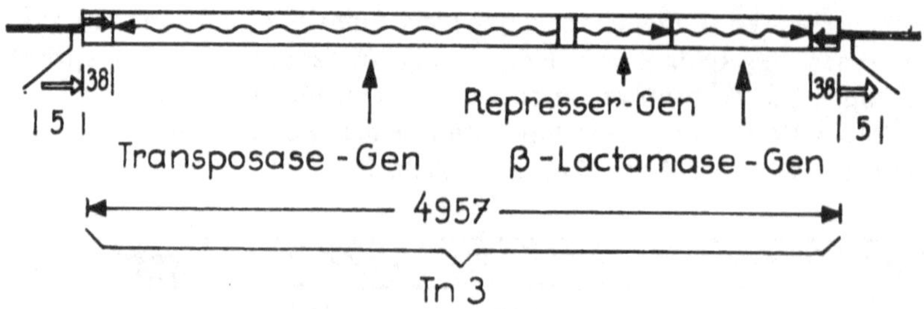

Abb. 4 Schematische Struktur des bakteriellen Transposons Tn3.
Die gewellten Pfeile geben die Transkriptionsrichtung der bezeichneten Gene an. Weitere Erklärungen siehe Legende zu Abb. 3 (nach Watson et al. 1983, ergänzt)

setzungen prinzipiell gegeben waren. In wenigen Fällen konnte und kann eine sehr direkte Isolationsstrategie eingeschlagen werden. Notwendig ist ein Locus, der ein bekanntes Protein codiert und der zudem in einer speziellen Linie durch ein transponibles Element mutiert ist. Mit Hilfe einer cDNA-Genprobe können das Wildtyp-Gen und das mutierte Gen isoliert und miteinander verglichen werden; die Zusatzsequenz im Mutantengen ist das gesuchte Element. Einmal kloniert, lassen sich mittels Hybridisierungsverfahren weitere, auch aberrante Kopien isolieren und charakterisieren. Auf diese Weise gelang die Analyse mehrerer der McClintockschen Kontrollelemente (vgl. Freeling 1984).

Die meisten Elemente wurden aber mehr zufällig gefunden. Ein Beispiel aus unserer eigenen Arbeit soll das illustrieren (Wobus, Bäumlein und Panitz, in Vorbereitung). Wir interessieren uns seit Jahren für die Gene der Balbianiringe, cytologische Strukturen in den Polytänchromosomen der Speicheldrüsen von Mückenlarven aus der Familie der Chironomiden (vgl. Bäumlein 1982 a, b; Panitz et al. 1984, Pustell et al. 1984, Wobus 1982, Wobus et al. 1980, Wobus und Serfling 1983). Bei dem Versuch, das Ende eines Gens im Balbianiring (BR) c von *Chironomus thummi* auf der Sequenzebene zu charakterisieren, wurden zwei Sal I-Restriktionsfragmente unterschiedlicher Länge kloniert und sequentiert, die beide das gesuchte Genende, aber unterschiedliche anschließende Sequenzen enthielten. Während das kürzere Fragment nach Hybridisierung mit der DNA im Chromosomenpräparat wie erwartet nur mit dem BRc hybridisiert, markierte das längere Fragment zusätzlich eine größere Zahl von Chromosomenorten. Ein Vergleich dieser Orte in Chromosomen verschiedener Individuen erbrachte ein typisches Merkmal einer transponiblen Sequenz, nämlich die Variabilität ihrer Genompositionen in einer genetisch uneinheitlichem Population, sowie das Auftreten heterozygoter Markierungen (Abb. 5). Durch Hybridisierungsanalysen ließ sich das transponible Element auf ein ca. 1500 Basenpaare langes Segment eingrenzen, das insbesondere in den Randbereichen durch eine

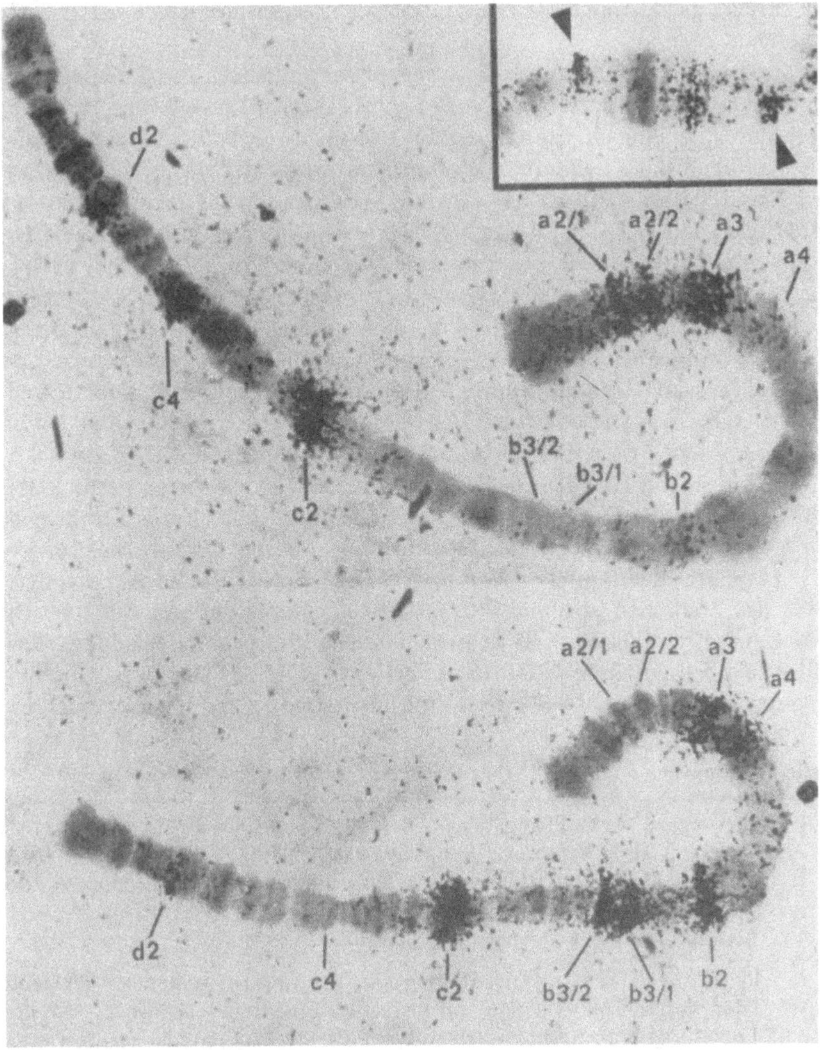

Abb. 5 Lokalisierung eines transponiblen DNA-Elements in den Riesenchromosomen von *Chironomus thummi* durch in situ-Hybridisierung mit dem Klon pCth54L, radioaktiv markiert durch Einbau von ^{35}S,dATP.
Die beiden 3. Chromosomen zweier Larven einer genetisch uneinheitlichen Population zeigen sowohl identische (z. B. a3, c2, d2) als auch differente (z. B. a4, b3/1, b3/2, c4) Markierungsorte. Im Ausschnitt (rechts oben) wird auf heterozygote Markierungen hingewiesen (R. Panitz, Original)

Serie kurzer, direkt-repetitiver Sequenzen charakterisiert ist. Weitere Analysen stehen noch aus.

An dieser Stelle soll der Versuch unternommen werden, durch die Aufstellung und Kurzcharakterisierung von drei Klassen eukaryotischer, transponibler Elemente eine allerdings etwas künstliche Ordnung in die verwirrende Vielfalt bislang bekannter Elemente zu bringen (Tabelle 1). Einen anderen Klassifikationsversuch hat Georgiev (1984) unternommen. Es sei vorausgeschickt, daß seit Beginn der DNA-Reassoziationsanalysen bekannt ist, daß ein erheblicher Anteil eukaryotischer Genome von ca. 15% bei *Drosophila*, bis über 90% bei einigen Pflanzen aus mittelrepetitiver DNA besteht, d. h. aus Familien von in vielen Kopien über das Genom verstreuten Sequenzen (vgl. Britten und Kohne 1968). Experimentelle Daten geben Anlaß zu der Annahme, daß der allergrößte Teil dieser Sequenzen prinzipiell beweglich ist (s. z. B. Young 1979).

In Klasse I möchte ich einen besonders bei Vertebraten gut charakterisierten Typ mittelrepetitiver DNA stellen (vgl. z. B. Jelinek und Schmid 1982). Diese Sequenzen sind weniger als 500 Basenpaare lang, tragen an einem Ende eine A-reiche Sequenz und werden von 5–20 bp langen direkten ‚repeats' flankiert. Ein typischer Vertreter dieser Klasse ist die Alu-Sequenzfamilie des Menschen, die mit 300 000–500 000 Kopien ca. 5% des menschlichen Genoms ausmacht. Aus Sequenzdaten läßt sich ableiten, daß Transpositionen über ein RNA-Intermediat erfolgen dürften. Damit in Übereinstimmung steht, daß Alu-Sequenzen und insbesondere die Vertreter der Fa-

Tabelle 1 Haupttypen eukaryotischer transponibler Elemente

Typ I	vorwiegend kurze Elemente und Pseudogene mit einer A-reichen Sequenz am Ende. Diese impliziert eine RNA-Zwischenstufe (Transkripte der RNA-Polymerasen II und III) bei der Transposition (passive Retroposons nach Georgiev 1984). Beispiel: Alu-Typ-Sequenzen der Säuger
Typ II	lange, ein eigenes Transpositionsenzym (Transposase) codierende Elemente oder deren Abkömmlinge mit invertiert-repetitiven Sequenzen an den Enden. Die Transposition erfolgt durch direkte Excision und Reintegration. Beispiele: P-Element-System von *Drosophila melanogaster*, Ac/Ds-System von *Zea mays*
Typ III	den integrierten Proretroviren verwandte oder mit diesen identische DNA-Elemente mit langen, endständigen repetitiven Sequenzen (‚long terminal repeats' oder LTR's). Zwecks Transposition wird in der Regel ein nahezu das ganze Element repräsentierendes Transkript synthetisiert, mittels einer eigenen Revertase in DNA umgeschrieben und reintegriert (aktive Retroposons nach Georgiev 1984). Beispiele: copia-Elemente von *Drosophila melanogaster*, Ty1-Elemente der Hefe, integrierte Proretroviren der Vertebraten.

milie, die funktionell wichtige niedermolekulare RNA-Moleküle codieren, stark transkribiert werden. Diese Elementklasse ist allerdings nicht zu aktiver Transposition fähig. Sie ist meines Erachtens ein Ausdruck der prinzipiellen Fähigkeit von Genomen, RNA-Moleküle über enzymatische Umkopierung in DNA zu reintegrieren. Dafür spricht eine größere Zahl intronloser, mit einer oligo(dA)-Sequenz endender Pseudogene bekannter Strukturgene (vgl. Vanin 1984). Hohe Transkriptionsraten, vornehmlich in Eizellen, dürften diesen passiven Transpositionsprozeß fördern. Inwieweit andere, aberrante Replikationsprozesse über Ringmoleküle zur Vermehrung und anschließender Transposition beitragen, ist unklar (vgl. Kunisada und Yamagushi 1984).

Um echte Transposons, vergleichbar mit der Tn3-Gruppe der Bakterien (vgl. Abb. 4), handelt es sich bei Klasse II. Intakte, vollständige Kopien codieren z. B. im Falle des P-Elements von *D. melanogaster* und des Ac-Elements von Mais mehrere Proteine, davon eines mit Transposase-Funktion. Allerdings finden sich im Genom vornehmlich aberrante Kopien, durch interne Deletionen verkürzt oder anderweitig verändert, die ihre Transposition nicht mehr selbst katalysieren können.

Die Klasse III transponibler Elemente ähnelt in ihrer Struktur stark den integrierten Proretroviren der Vertebraten (vgl. z. B. Georgiev 1984). Bestuntersuchte Vertreter sind copia und copia-ähnliche Elemente im Genom von *D. melanogaster* (auch ‚**m**obile **d**ispersed **g**enetic elements' = mdg-Elemente genannt) und Ty1-Elemente im Hefe-Genom. Copia beispielsweise besitzt 276 Basenpaare (bp) lange, endständige direkte ‚repeats', die wiederum von kurzen invertierten ‚repeats' flankiert werden (Abb. 6). Diese

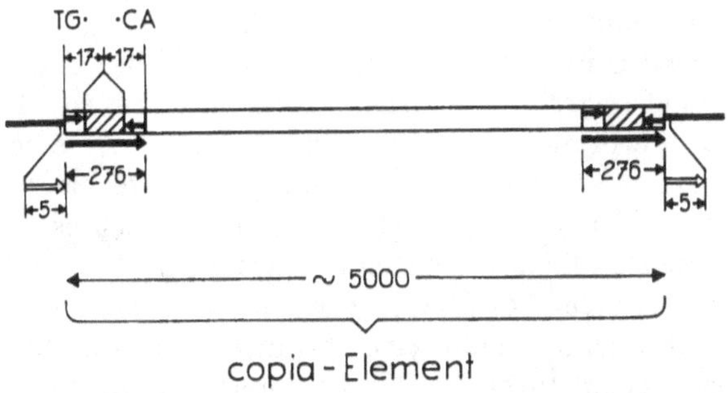

Abb. 6. Schematische Struktur des transponiblen Elements *copia* von *Drosophila melanogaster*.
Die begrenzenden 276 Basenpaare langen direkt-repetitiven Sequenzen sind den LTR's der integrierten Proretroviren homolog. Sie werden wiederum von 17 Basenpaare langen ‚inverted repeats' flankiert. Die Sequenz aller LTR's und homologer DNA-Segmente beginnt mit (5')TG...(3') und endet mit (5')...CA(3'). Demzufolge wird auch das gesamte Element durch diese Dinucleotide begrenzt (gezeichnet nach Daten von Rubin et al. 1980)

und weitere Merkmale machen sie den ‚long terminal repeats' (= LTR's) der Proretroviren homolog. Sie sind auch mit den IS-Elementen der Prokaryoten vergleichbar, zumal sie, ebenso wie LTR's, als separate Einheiten vorkommen können. Copia-Transkripte codieren wie Retroviren eine Revertase, mit deren Hilfe die RNA-Transkripte in DNA umgewandelt und in das Genom reintegriert werden können (vgl. Shiba und Saigo 1983, Baltimore 1985). Zusätzlich sind aber auch P-Element gesteuerte, also Transposase-abhängige Transpositionen nachgewiesen worden (vgl. Georgiev 1984).

Da copia-Transkripte auch aus Virus-artigen Partikeln isoliert wurden, könnte man diese Elemente auch als integrierte Insekten-Proretroviren betrachten. Die große Strukturähnlichkeit bis -identität solcher Elemente aus Bakterien und Eukaryoten mit integrierten Proretroviren hatte H. M. Temin bereits 1970 zur Formulierung seiner Protooncogen-Hypothese veranlaßt (spezifiziert in Shimotohno und Temin 1980), die die Entwicklung von Retroviren aus transponiblen Elementen durch Aufnahme zusätzlicher Gene postuliert. Allerdings ist in bestimmten Fällen auch der umgekehrte Weg denkbar, nämlich die mutative Umwandlung eines Proretrovirus in ein transponibles Element ohne freie Virusphase (Kugimiya et al. 1983).

Als Auslöser für Transpositionen von Elementen der Typen II und III postulierte McClintock „genomischen Stress" (vgl. McClintock 1978, 1984). Sie versteht darunter alle wesentlichen Änderungen im genetischen Milieu einer Zelle, wie sie z. B. durch physikalische Faktoren und im generativen Bereich durch Kombination unterschiedlicher Genotypen auftreten. Transpositionen als Antwort auf Stress sind für McClintock jedoch nicht nur ein Reagieren „parasitischer" DNA-Elemente, sondern Teil einer Überlebensstrategie, die letzte Möglichkeit einer Zelle, durch Erhöhung der Mutationsrate via transponible Elemente eine Überlebenschance zu finden.

Wenn dem so ist, sollten auch Umwelteinflüsse zu Änderungen im Erbgut führen können, die nicht völlig ungerichtet zu sein brauchen. Darüber, ob das im Sinne von Lamarck interpretiert werden kann oder nicht, ist eine Diskussion entstanden (Kaplan 1984, Burd 1984), ohne allerdings die Richtigkeit des auf Darwin basierenden gegenwärtigen Evolutionskonzeptes in Zweifel zu ziehen. Besonders bei Pflanzen sind eine ganze Reihe umweltinduzierter erblicher DNA-Änderungen beschrieben worden (vgl. Marx 1984) [und über erstaunliche, experimentell induzierte Artumwandlungen bei Rhizobien berichten Heumann et al. 1984]. Bei Flachs können in einer Generation erbliche Änderungen etwa durch Mangelernährung induziert werden, die wenigstens 15% der Genom-DNA betreffen. Diese Änderungen schließen neben Sequenzamplifikation und -diminution auch Sequenzumbauten und Transpositionen ein, ohne daß die Rolle von transponiblen Elementen bei diesen Prozessen bereits genauer bekannt wäre (Cullis 1984). Diese und weitere Beispiele einer hohen Genomflexibilität insbesondere bei Pflanzen lassen die Vermutung zu, daß diese aufgrund ihrer sessilen Lebensweise spezielle genetische Überlebensstrategien entwickelt haben könnten, die Tieren in diesem Ausmaß fehlen, da sie sich einem drastischen Wechsel der Umweltbedingungen in der Regel durch Ortswechsel entziehen können.

Es ist offensichtlich, daß die Insertion eines DNA-Elementes in Abhängigkeit vom exakten Insertionsort und vom Element selbst zu verschiedenartigsten Mutationen und Mutationsphänotypen führen kann. Der Einbau kann in einem Strukturgen erfolgen oder in Promotor- und andere Regulationssequenzen. Aber auch die Elemente selbst tragen regulatorische Sequenzen: Transkriptions- und Translationsstart und -stopsignale, Promotor- und ‚enhancer'-Sequenzen, die qualitative und quantitative Änderungen in der Expression eines oder mehrerer Gene hervorrufen. Rekombinationen zwischen einzelnen Elementen eines Typs können zu Verlagerungen von großen DNA-Segmenten führen, und Element-induzierte Chromosomenbrüche sind in mehreren Systemen beschrieben worden. Letztlich kann auch die Excision eines Elementes, wenn sie nicht exakt erfolgt, zu bleibender Veränderung einer DNA-Sequenz im Genom und damit zu einer Mutation führen. All dies erklärt den wichtigen Befund, daß in Populationen mit aktiven transponiblen Elementen (vgl. hierzu Eide und Anderson 1985) ein hoher Anteil sogenannter spontaner Mutationen sich als Element-induzierte Mutationen erwies, so z. B. alle bekannten bithorax-Mutationen von *D. melanogaster* (Bender et al. 1983).

Die vielfachen durch transponible Elemente induzierbaren Mutationstypen und die von ihnen maßgeblich bestimmte Dynamik des Genoms kann nicht ohne Konsequenzen für unser Verständnis der Evolution bleiben (vgl. Syvanen 1984). DNA-Umlagerungen können Gene in neue Positionen des regulatorischen Netzwerkes einer Zelle bringen und damit Funktionen wie Strukturen in viel stärkerem Maße verändern als etwa Punktmutationen. Das erhöht nicht nur die genetische Variabilität, an der die Selektion angreift, sondern kann auch unmittelbar zur reproduktiven Isolation und damit zur Herausbildung einer neuen Art führen (vgl. hierzu Rose und Doolittle 1983, Ginzburg et al. 1984, Georgiev 1984). Ein tieferes Verständnis der Rolle transponibler Elemente in der Evolution dürfte wesentlich zu einem besseren Verständnis insbesondere von evolutionären „Sprüngen" beitragen.

Bei Prokaryoten spielt die horizontale, die Artgrenzen überschreitende Transmission von DNA-Elementen eine außerordentliche Rolle, etwa bei der Übertragung von Resistenzgenen. Gilt Gleiches auch für Eukaryoten? Obwohl es einige Hinweise auf den Austausch einzelner Gene zwischen evolutionär weit entfernten, insbesondere in zellulärer Symbiose lebenden Organismus gibt, ist nur ein System gut untersucht, bei dem es zu regulärer Transposition von DNA kommt. Im System *Agrobacterium*/Pflanze infiziert das Bacterium mit einem definierten Segment plasmidaler DNA, der T-DNA (Abb. 7), die Pflanzenzelle und steuert durch die eingeschleusten Gene deren Stoffwechsel um (vgl. Nester et al. 1984). Es kommt zur Bildung von ‚crown

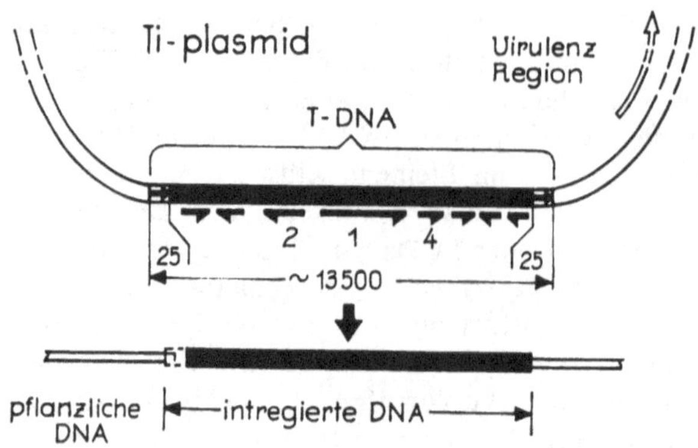

Abb. 7 Schematische Struktur der T-DNA eines Ti-Plasmids von *Agrobacterium tumefaciens* (TL-DNA des Octopin-Plasmids pTiAch5).
Die T-DNA wird von etwa 25 Basenpaare langen direkt-repetitiven Sequenzen (,border sequences') flankiert, die in der Regel nicht oder nur teilweise in das pflanzliche Genom übertragen werden. Die Halbpfeile symbolisieren die Transkriptionsrichtung der 8 T-DNA-Gene. Die Transkripte 1 und 2 codieren für Enzyme des Auxinstoffwechsels, das Transkript 4 für ein Enzym des Cytokininstoffwechsels (gezeichnet nach Daten von Gielen et al. 1984)

gall'-Tumoren (Wurzelhalsgallen). Ich erwähne diese Übertragung von DNA zwischen Organismenreichen hier als bislang einzigartiges System eines natürlichen ,genetic engineering', obwohl die T-DNA im Sinne der Definition nicht als transponibles Element angesehen werden kann (wohl aber als „springende" DNA), da (a) das oder die Transpositionsenzyme nicht von der T-DNA selbst codiert werden, (b) keine Duplikation von Wirts-DNA am Einbauort erfolgt und (c) die T-DNA, einmal in das pflanzliche Genom integriert, ihre Position nicht mehr verändern kann. Andererseits wird auch dic T-DNA von ca. 25 bp langen direkten ,repeats' (,border sequences') flankiert, doch reicht allein die rechte Sequenz für die Transposition aus (vgl. Joos et al. 1983).

Auf diesen Erkenntnissen aufbauend wurden effiziente Transformationssysteme für Pflanzen geschaffen (vgl. Zambryski et al. 1984), die durch *Agrobacterium* infizierbar bzw. durch T-DNA transformierbar sind und bei denen eine Regeneration von Ganzpflanzen aus Zellen möglich ist (vgl. Abb. 8). Dabei handelte es sich bislang ausschließlich um Vertreter der Dikotyledonen, doch haben jüngste erfolgreiche Versuche an zwei monokotylen Pflanzen (Hernalsteens et al. 1984, Hooykaas-van Slogteren et al. 1984) die Hoffnungen wachsen lassen, auch für unsere wichtigsten Kulturpflanzen, die Getreide, ein Transformationssystem zu schaffen und damit gentechnische Manipulationen von weitreichender praktischer Bedeutung prinzipiell zu ermöglichen.

Wir selbst benutzen das Ti-Vektor-System zur Übertragung von Legumin-

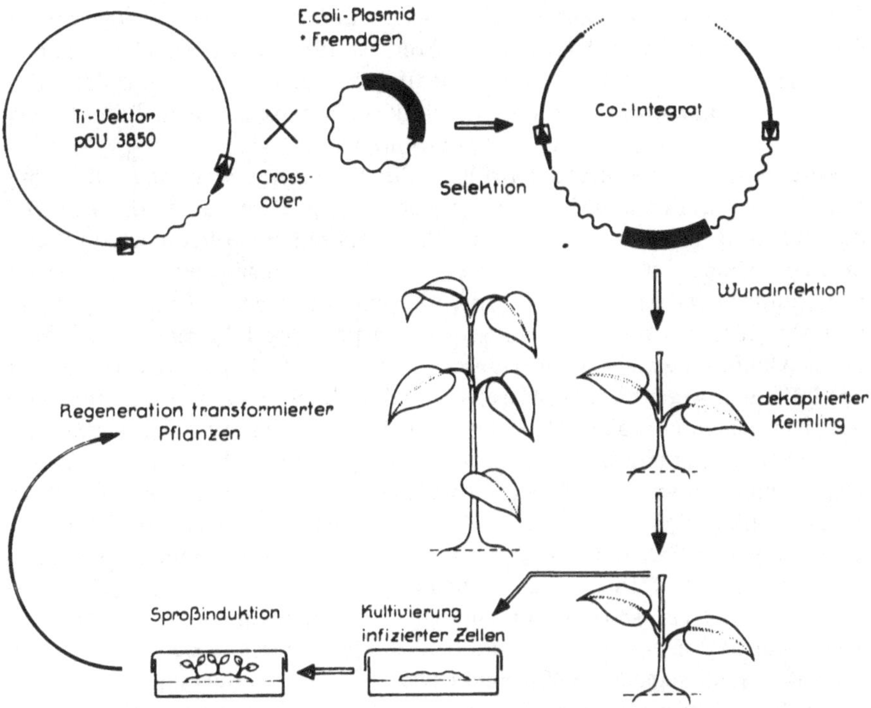

Abb. 8 Gewinnung einer genetisch manipulierten Pflanze durch Ti-Plasmid vermittelten Gentransfer.
Die von der repetitiven Randsequenz (gerahmte Dreiecke) flankierte T-DNA wurde im Vektor pGV3850 mit Ausnahme des als Markergen fungierenden Nopalinsynthasegens (Halbpfeil) durch Sequenzen des *E. coli*-Plasmids pBR322 (Wellenlinie) ersetzt, über die das in einem eng verwandten Plasmid klonierte Fremdgen (schwarzer Balken) einrekombiniert werden kann. Eine das entsprechende Cointegrat enthaltende Agrobakterienkolonie wird vermehrt und zur Wundinfektion benutzt. Nach längerer Inkubation werden Zellen der Wundstelle abgenommen. Sie wachsen zunächst zu einem Kallus aus, der durch Phytohormongaben zur Sproßbildung veranlaßt wird. Transformierte Sprosse synthetisieren Nopalin. Sie lassen sich zu fertilen Pflanzen regenerieren, in denen gewöhnlich der Nachweis des übertragenen Fremdgens durch Nukleinsäurehybridisierungstechniken erfolgt (nach Daten und Abbildungen in Zambryski et al. 1984)

Samenproteingenen der Ackerbohne in Tabak, einer zellkulturtechnisch leicht handhabbaren Pflanze, um Fragen der Genregulation zu untersuchen und Voraussetzungen für eine gezielte Manipulation von Sameneiweißgenen zunächst der Ackerbohne und später der Gerste zu klären (s. Wobus et al. 1986).

Auf der Basis eines echten Transposons, des der Klasse II zugehörigen P-Elements von *Drosophila melanogaster*, ist für einen tierischen Organismus ein Transformationssystem geschaffen worden, dem außerordentliche Bedeutung zukommt, da es der Molekularbiologie ganz neue Bereiche erschließt, wie z. B. Neuro- und Verhaltensbiologie.

Ausgangspunkt für die Entwicklung dieses Systems war die Aufklärung des Phänomens der sog. „Hybrid-Dysgenesis" (vgl. Finnegan et al. 1983). Bei der Kreuzung von Männchen eines P-Stammes mit Weibchen eines M-Stammes entstehen in stark verminderter Zahl Nachkommen mit einer Vielzahl von Mutationen. Ursache ist – ganz im Sinne der Genom-Stress-Hypothese von McClintock – die Aktivierung des transponiblen P-Elements des männlichen Genoms, wahrscheinlich durch Wegfall einer Repressorwirkung auf das P-Element-eigene Transposase-Gen (vgl. Abb. 9). In einer brillianten Serie von Experimenten haben G. Rubin und A. Spradling (1982) dieses System zu dem zur Zeit elegantesten Transformationssystem für einen tierischen Organismus entwickelt. Zunächst wurde ein vollständiges P-Element in einem bakteriellen Vektor kloniert und vermehrt. Zwischen den endständigen, invertierten ,repeats' gelegene DNA-Sequenzen können dann ganz oder teilweise entfernt und durch beliebige Gene ersetzt werden. Da dabei aber auch das Transposase-Gen entfernt wird, muß für die Transformation stets neben dem manipulierten P-Element ein intaktes P-Element als „Helfer" anwesend sein. Beide Elemente werden mittels Mikroinjektion in den Polzellbereich früher Embryonen eines M-Typ-Weibchens injiziert (Abb. 10). Die dadurch ausgelöste Transposition führt in einigen Zellkernen zur Insertion eines (oder mehrerer) modifizierten Elements und damit zu genetisch stabil veränderten Nachkommen. Die Leistungsfähigkeit dieses Systems soll am Beispiel der gentechnischen Übertragung eines komplexen, rhythmischen Verhaltensmusters demonstriert werden (Originalliteratur bei Wobus 1985). 1971 wurde eine Mutante ,*period*' (*per*) von *Drosophila melanogaster* entdeckt, deren circadiane Schlupfrhythmik gestört war. Der verantwortliche per-Locus konnte auf den Polytänchromosomen lokalisiert werden. Verschiedene Mutantenallele verkürzen (per^{s}), verlängern (per^{L}) oder verhindern (per^{O}) die Schlüpfrhythmik, beeinflussen aber in gleicher Weise auch ganz andere Rhythmen, wie Kurzzeitoszillationen im männlichen Balzgesang und den larvalen Herzrhythmus, d. h. *per* verkörpert anscheinend einen entscheidenden Teil des molekularen „Uhrwerkes" der Fruchtfliege. Durch eine Kombination von Methoden zur Klonierung von DNA aus definierten Chromosomenabschnitten und der geschilderten Transposon-vermittelten Transformation wurde die Isolierung und Charakterisierung der *per*-DNA möglich. Wird ein bestimmter Bereich der Wildtyp-DNA in einen P-Element-Vektor eingebaut und in Embryonen einer per^{O}-Mutante injiziert, zeigen transformierte Nachkommen die rhythmischen Verhaltensweisen des Wildtyps. Aus den Experimenten von zwei unabhängigen Forschungsgrup-

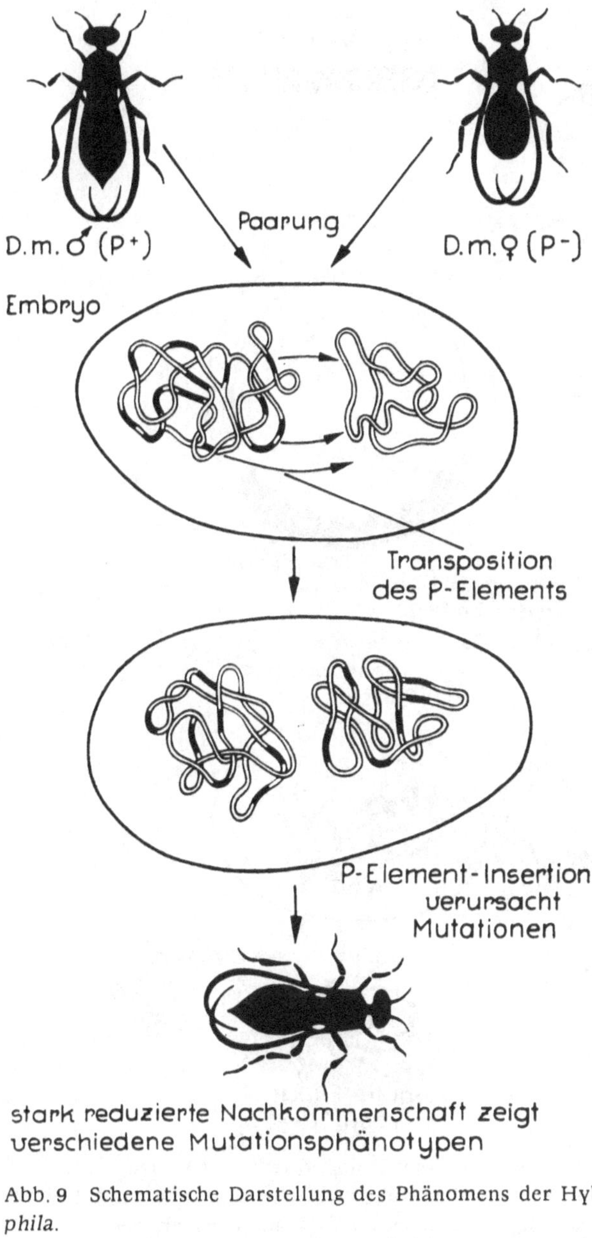

Abb. 9 Schematische Darstellung des Phänomens der Hybrid-Dysgenesis bei *Drosophila*.
Wenn ein Spermium eines P-Element-haltigen Stammes (P^+) ein Ei eines P-Element-negativen Stammes (P^-) befruchtet, kommt es zu P-Element-Transpositionen, die vielfache mutative Effekte verursachen, oft mit lethalen Folgen (nach Watson et al. 1983)

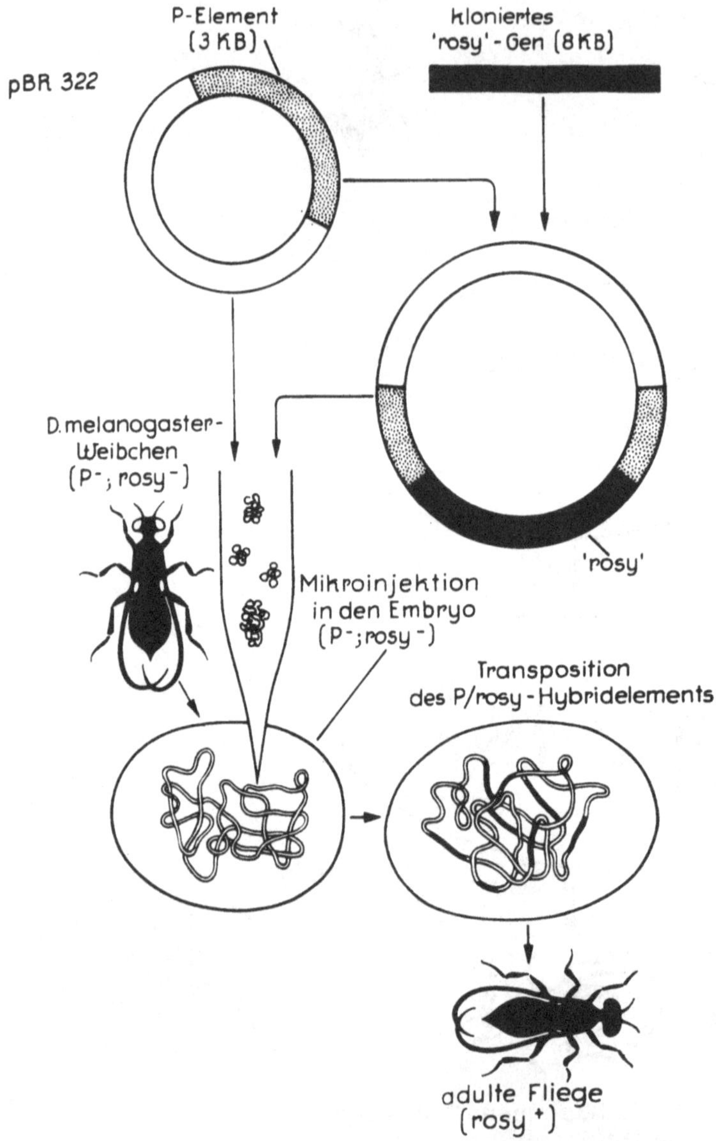

Abb. 10 Schema der P-Element-vermittelten Transformation von *Drosophila*.
Ein komplettes P-Element, kloniert im Plasmid pBR322, wird gemeinsam mit einem entsprechenden Plasmid, in dessen P-Element das Xanthin-Dehydrogenase(XDH)-Gen (=',*rosy*'-Gen) inseriert wurde, in frühe Embryonen eines XDH-negativen (rosy-)Stammes injiziert. Die Folge sind Transpositionen (vgl. Abb. 9). Nachkommen, die ein ‚*rosy*'-P-Element integriert haben, können jetzt XDH synthetisieren und besitzen deshalb rosa Augen. Da schon 5% der normalen XDH-Menge diese Augenfärbung hervorrufen und das Enzym nicht in den Augenzellen synthetisiert werden muß, um dort zu wirken, sind die Effekte bereits an den aus den injizierten Embryonen stammenden Fliegen sichtbar (nach Watson et al. 1983)

pen ergeben sich noch Diskrepanzen darüber, welche und wieviele Transkripte (bzw. deren Translationsprodukte) die „Normalisierung" der arhythmischen Mutante bedingen. Möglicherweise werden verschiedene Rhythmen durch verschiedene oder Kombinationen verschiedener Komponenten der „Uhr" gesteuert.

Mit diesen Experimenten ist noch nicht der molekulare Mechanismus der endogenen Rhythmik aufgeklärt, aber der Schlüssel zu seinem Verständnis gefunden. Von viel weitreichenderer Bedeutung ist jedoch die Tatsache, daß hiermit ein methodischer Weg aufgezeigt wurde, mit Hilfe eines Transformationsbioassays die einen bestimmten Phänotyp determinierenden Gene ohne jede Kenntnis eines Genproduktes zu isolieren und zu charakterisieren. Besonders für die Neuro- und Verhaltensbiologie ist dies der Beginn einer neuen Ära.

Der hier gemachte Versuch, das Phänomen der springenden DNA-Elemente skizzenhaft darzustellen, konnte zwangsläufig der Gesamtheit der Prozesse, die dem einst statisch gedachten Genom seine erstaunliche Flexibilität verleihen, nicht gerecht werden. So wurden gerichtete Sequenzumlagerungen, die Differenzierungsprozesse steuern (z. B. Geschlechtswechsel der Hefen, Änderung der Oberflächenantigene von Trypanosomen, Bildung aktiver Immunoglobulingene) nicht behandelt. Zwar tragen diese Prozesse wesentlich zur Dynamik des Genoms bei, doch kommt es hierbei nach dem gegenwärtigen Kenntnisstand nicht zur direkten Transposition von DNA-Segmenten.

Erkennung und Studium transponibler Elemente haben wesentlich zu unserer veränderten Sicht des Genoms beigetragen und ein Umdenken und Neubedenken auf vielen Ebenen angestoßen. Dadurch ergeben sich nicht nur vielfältige Auswirkungen auf unser Verständnis des Lebendigen, sondern mit wachsendem Erkenntnisfortschritt auch Möglichkeiten seiner praktischen Nutzung.

Zusammenfassung

Die Existenz transponibler genetischer Information wurde bereits in den vierziger und fünfziger Jahren aus genetischen Experimenten an Mais (B. McClintock) geschlossen, doch lagen diese Befunde außerhalb des Ideengebäudes der damaligen Zeit. Erst der direkte Nachweis von „springenden" DNA-Sequenzen als Ursache bestimmter Mutationen bei Bakterien Ende der sechziger Jahre löste intensive Forschungen aus. Heute sind Positionsveränderungen von DNA-Segmenten während der Evolution und während der Individualentwicklung vielfach belegt. An die Stelle der Idee eines statischen Genoms ist das Konzept eines dynamischen Genoms getreten.

DNA-Segmente, die wiederholt in verschiedene Orte eines Genoms inserieren können, werden als transponible Elemente definiert. Ihre Integration führt in der Regel zur Duplikation einer Oligonukleotidsequenz des Einbauortes, d. h. das Element wird von kurzen, identischen Sequenzen (‚direct repeats') flankiert. Obwohl strukturell von großer Vielfalt, lassen sich drei dominierende Typen transponibler Elemente in eukaryotischen Genomen herausstellen (s. Tab. 1).

Nach B. McClintock werden Transpositionen von Elementen der Typen II und III durch „genomischen Stress" ausgelöst, worunter alle inneren wie äußeren Faktoren verstanden werden, die die Balance des genetischen Systems einer Zelle stören.

Transpositionen sind vornehmlich ungerichtet und verursachen mannigfaltige mutative Effekte. Genmutationen, Verlagerungen großer DNA-Segmente mittels flankierender Elemente und insertionsbedingte Änderungen in der Regulation von Genen lassen transponible Elemente als wichtigen Evolutionsfaktor erscheinen.

Horizontale Transmission über die Artgrenzen hinweg scheint möglich. Im System *Agrobacterium*/Pflanze führt die Transposition einer plasmidalen Sequenz (T-DNA) aus dem Bakterium in das Dicotylen-Genom zur Zelltransformation und nachfolgender Tumorbildung (‚crown gall').

Die T-DNA von *Agrobacterium* und das P-Element von *Drosophila* wurden zur Konstruktion von Vektoren für die Keimbahntransformation genutzt. Diese Systeme erlauben prinzipiell mittels Transformationsbioassays bei Vorhandensein entsprechender Mutanten die Isolierung der einen bestimmten Phänotyp determinierenden Gene ohne Kenntnis der Genprodukte. Für *Drosophila* haben sich dadurch bereits jetzt völlig neue Bereiche der Biologie, wie Neurogenetik und Verhaltensforschung, einer direkten molekularen Analyse erschlossen.

Literatur

Baltimore, D. (1985): Retroviruses and retrotransposons: the role of reverse transcription in shaping the eukaryotic genome, in: Cell **40**, S. 481–482.

Bäumlein, H., U. Wobus, S. A. Gerbi, F. C. Kafatos (1982 a): Characterization of a 249-bp tandemly repetitive, satellite-like repeat in the translated portion of Balbiani ring c of *Chironomus thummi*, in: EMBO J. **1**, S. 641–647.

Bäumlein, H., U. Wobus, S. A. Gerbi, F. C. Kafatos (1982 b): The basic repeat unnit of a *Chironomus* Balbiani ring gene, in: Nucl. Acids Res. **10**, S. 3893–3904.

Bender, W., M. Akam, F. Karch, P. A. Beachy, M. Perfer, P. Spierer, E. B. Lewis, D. S. Hogness (1983): Molecular genetics of the bithorax complex in *Drosophila melanogaster*, in: Science **221**, S. 23–29.

Britten, R. J., D. E. Kohne (1968): Repeated sequences in DNA, in: Science **161**, S. 529–540.

Burd, M. (1984): Evolution: an expanded view, in: Science **226**, S. 1252.

Campbell, A., D. E. Berg, D. Botstein, E. M. Lederberg, R. P. Novick, P. Starlinger, W. Szybalski (1979): Nomenclature of transposable elements on procaryotes, in: Gene **5**, S. 197–206.

Cullis, C. A. (1983): Variable DNA sequences in Flax, in Chater, K. F. et al. (Hg.) Genetic Rearrangements. The Fifth John Innes Symposium, S. 253–264, Croom Helm Ltd., London & Canberra.

Eide, D., P. Anderson (1985): The gene structures of spontaneous mutations affecting *Caenorhabditis elegans* myosin heavy chain gene, in: Genetics **109**, S. 67–79.

Finnegan, D. J., A. Bucheton, H. M. Sang (1983): The molecular basis of hybrid dysgenesis in *Drosophila melanogaster*, in: Chater, K. F. et al. (Hg.) Genetic Rearrangements. The Fifth John Innes Symposium, S. 253–264, Croom Helm Ltd., London & Canberra.

Freeling, M. (1984): Plant transposable elements and insertion sequences, in: Ann. Rev. Plant Physiol. **35**, S. 277–298.

Georgiev, G. P. (1984): Mobile genetic elements in animal cells and their biological significance, in: Eur. J. Biochem. **145**, S. 203–220.

Gielen, J., M. De Beuckeleer, J. Seurinck, F. Deboeck, H. De Greve, M. Lemmers, M. van Montagu, J. Schell (1984): The complete nucleotide sequence of the TL-DNA of the *Agrobacterium tumefaciens* plasmid pTiAch5, in: Embo J. **3**, S. 835–846.

Ginzburg, L. R., P. M. Bingham, S. Yoo (1984): On the theory of speciation induced by transposable elements, in: Genetics **107**, S. 331–341.

Green, M. M. (1977): The case for DNA insertion mutations in *Drosophila*, in: Bukhari, A. J. et al. (Hg.) DNA insertion elements, plasmids, and episomes, S. 437–445, Cold Spring Harbor Lab.

Hernalsteens, J.-P., L. Thia-Toong, J. Schell, M. van Montagu (1984): An *Agrobacterium*-transformed cell culture from the monocot *Asparagus officinalis*, in: EMBO J. **3**, S. 3039–3041.

Heumann, W., A. Rösch, R. Springer, E. Wagner, K.-P. Winkler (1984): In *Rhizobiaceae* five different species are produced by rearrangement of one genome, induced by DNA-damaging agents, in: Mol. Gen. Genet. **197**, S. 425–436.

Hooykaas-van Slogteren, G. M. S., P. J. J. Hooykaas, R. A. Schilperoort (1984): Expression of Ti-plasmid genes in monocotyledonous plants infected with Agrobacterium tumefaciens, in: Nature **311**, S. 763–764.

Jelinek, W. R., C. W. Schmid (1982): Repetitive sequences in eucaryotic DNA and their expression, in: Ann Rev. Biochem. **51**, S. 813–844.

Joos, H., D. Inze, A. Caplan, M. Sormann, M. van Montagu, J. Schell (1983): Genetic analysis of T-DNA transcripts in nopaline crown galls, in: Cell **32**, S. 1057–1067.

Kaplan, J. G. (1984): Lamarckian evolution, in: Science **226**, S. 240–241.

Kleckner, N. (1981): Transposable elements in procaryotes, in: Ann. Rev. Genet. **15**, S. 341–404.

Kugimiya, W., H. Ikenaga, K. Saigo (1983): Close relationship between the long terminal repeats of avian leukosis-sarcoma virus and *copia*-like movable genetic elements of *Drosophila*, in: Proc. Natl. Acad. Sci. (USA) **80**, S. 3193–3197.

Kunisada, T., H. Yamagushi (1984): Sequence repetition and genomic distribution of small polydisperse circular DNA purified from HeLa cells, in: Gene **31**, S. 213–223.

Levy, S. B., R. C. Clowes, E. L. Koenig (Hg.): Molecular Biology, Pathogenicity and Ecology of bacterial plasmids. Plenum Press, New York and London, 1982.

Marx, J. L. (1984): Instability in plants and the ghost of Lamarck, in: Science **225**, S. 1415–1417.

McClintock, B. (1978): Mechanisms that rapidly reorganize the genome, in: Stadler Genet. Symp. **10**, S. 25–48.

McClintock, B. (1984): The significance of responses of the genome to challenge, in: Science **226**, S. 792–801.

Nester, E. W., M. P. Gordon, R. M. Amasino, M. F. Yanovsky (1984): Crown gall: a molecular and physiological analysis, in: Ann. Rev. Plant Physiol. **35**, S. 387–413.

Panitz, R., H. Bäumlein, U. Wobus, E. Serfling (1984): Self-complementary DNA sequences within the BRc gene of *Chironomus thummi*, in: Chromosoma (Berl.) **89**, S. 254–262.

Pustell, J., F. C. Kafatos, U. Wobus, H. Bäumlein (1984): Balbiani ring DNA: sequence comparisons and evolutionary history of a family of hierarchically repetitive protein-coding genes, in: J. Molec. Evol., **20**, S. 281–295.

Rose, M. R./W. F. Doolottle (1983): Molecular biological mechanisms of speciation, in: Science **220**, S. 157–162.

Rubin, G. M., W. J. Brorein, jr., P. Dunsmuir, A. J. Flavell, R. Levis, E. Strobel, J. J. Tool, E. Young (1980): *Copia*-like transposable elements in the *Drosophila* genome, in: Cold Spring Harbor Symp. Quant. Biol. **45**, S. 619–628.

Rubin, G. M., A. C. Spradling (1982): Genetic transformation of *Drosophila* with transposable element vectors, in: Science **218**, S. 348–353.

Schmitt, R. (1982): Antibiotika-Resistenzen und ihre Verbreitung durch Plasmide und „springende Gene", in: Naturwiss. Rdsch. **35**, S. 139–146.

Shiba, T., K. Saigo (1983): Retrovirus-like particles containing RNA homologous to the transposable element *copia* in *Drosophila melanogaster*, in: Nature **302**, S. 119–124.

Shimotohno, K., H. M. Temin (1980): Evolution of retroviruses from cellular movable genetic elements, in: Cold Spring Harbor Symp. Quant. Biol. **45**, S. 719–730.

Stent, G. S. (1972): Prematurity and uniqueness in scientific discovery, in: Scientific American **227**, S. 84–93.

Syvanen, M. (1984): The evolutionary implications of mobile genetic elements, in: Ann. Rev. Genet. **18**, S. 271–293.

Vanin, E. F. (1984): Processed pseudogenes. Characteristics and evolution, in: Biochim. Biophys. Acta **782**, S. 231–241.

Watson, J. D., J. Tooze, D. T. Kurtz (1983): Recombinant DNA. A short course. W. H. Freeman & Co., New York.

Wobus, U. (1982): Wege und Resultate der Gen-Analyse. Die Feinstruktur eines Insekten-Gens, in: Wissensch. u. Fortschr. **32**, S. 216–219.

Wobus, U. (1985): Übertragung rhythmischer Verhaltensmuster durch DNA-Transformation, in: Biol. Rdsch., **23**, 257–258.

Wobus, U., H. Bäumlein, R. Panitz, E. Serflling, F. C. Kafatos (1980): Periodicities and tandem repeats in a Balbiani ring gene, in: Cell **22**, S. 127–135.

Wobus, U., H. Bäumlein, R. Bassüner, R. Grafe, R. Jung, K. Müntz, G. Saalbach, W. Weschke (1986): Cloning and characterizing *Vivia faba* seed storage protein genes, in: Biol. Zbl., **105**, 121–125.

Wobus, U., E. Serflling (1984): Die Balbianiring-Genfamilie, in: Biochemie-Inform. 1984, S. 70–75.

Young, M. W. (1979): Middle repetitive DNA: a fluid component of the *Drosophila* genome, in: Proc. Natl. Acad. Sci. (USA) **76**, S. 6274–6278.

Zambryski, P., L. Herrera-Estrella, M. De Block, M. van Montagu, J. Schell (1984): The use of thc Ti plasmid of *Agrobacterium* to study the transfer and expression of foreign DNA in plant cells: new vectors and methods, in: Setlow, J., A. Hollaender (Hg.) ‚Genetic engineering, principles and methods', vol. **6** (1984) 253–278, Plcnum Press, New York.

ISBN 3-05-500 007-2

FSC
www.fsc.org
MIX
Papier | Fördert gute Waldnutzung
FSC® C083411

Zeitfracht Medien GmbH
Ferdinand-Jühlke-Straße 7
99095 Erfurt, Deutschland
produktsicherheit@kolibri360.de